Début d'une série de documents
en couleur

ÉLOGE DE PASCAL

DISCOURS

Prononcé à la distribution des Prix

DU

LYCÉE BLAISE PASCAL

PAR

M. Albert BAZAILLAS

Ancien élève de l'École normale supérieure
Professeur de Philosophie.

CLERMONT-FERRAND

IMPRIMERIE TYPOGRAPHIQUE ET LITHOGRAPHIQUE G. MONT-LOUIS

1894

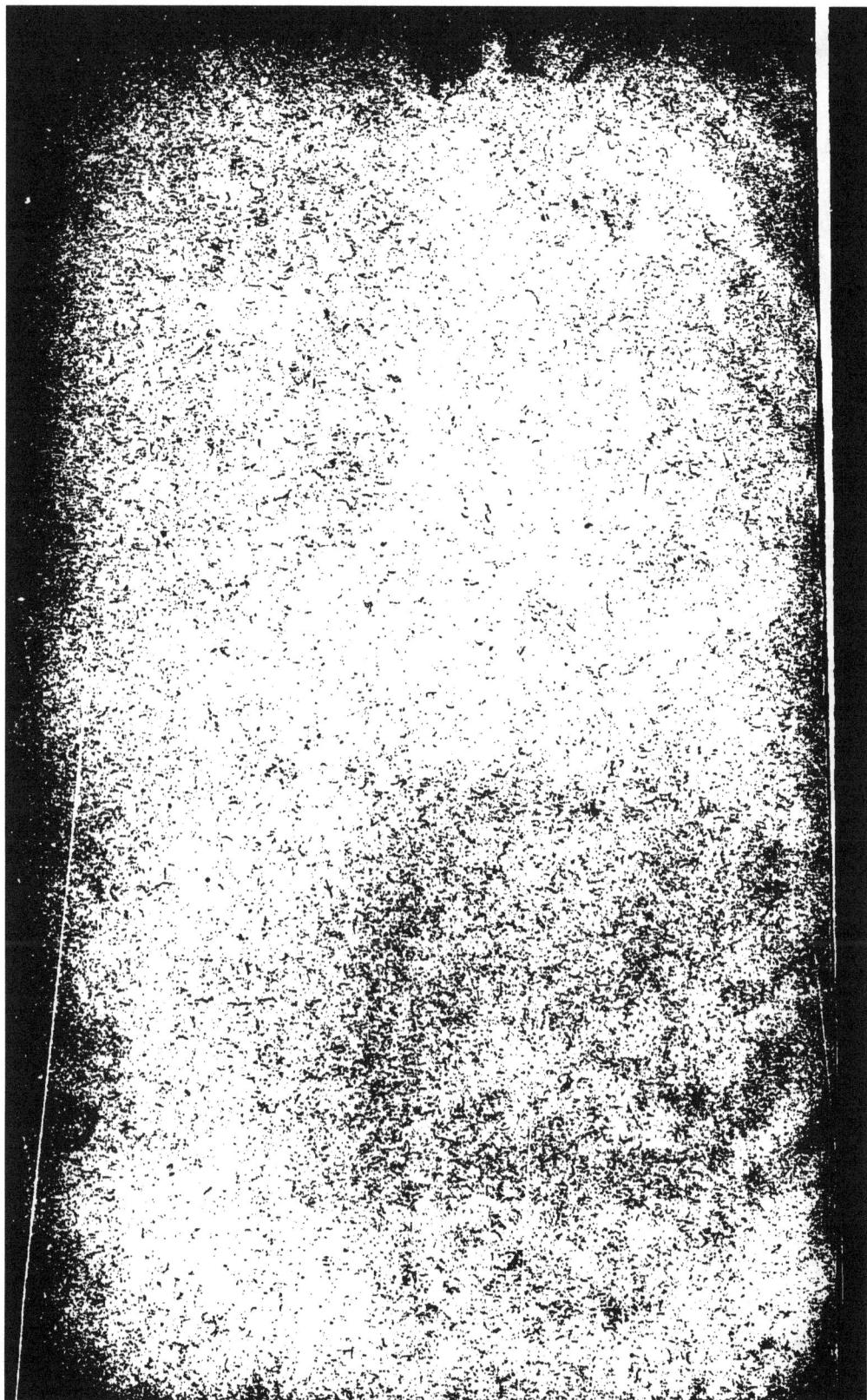

Fin d'une série de documents
en couleur

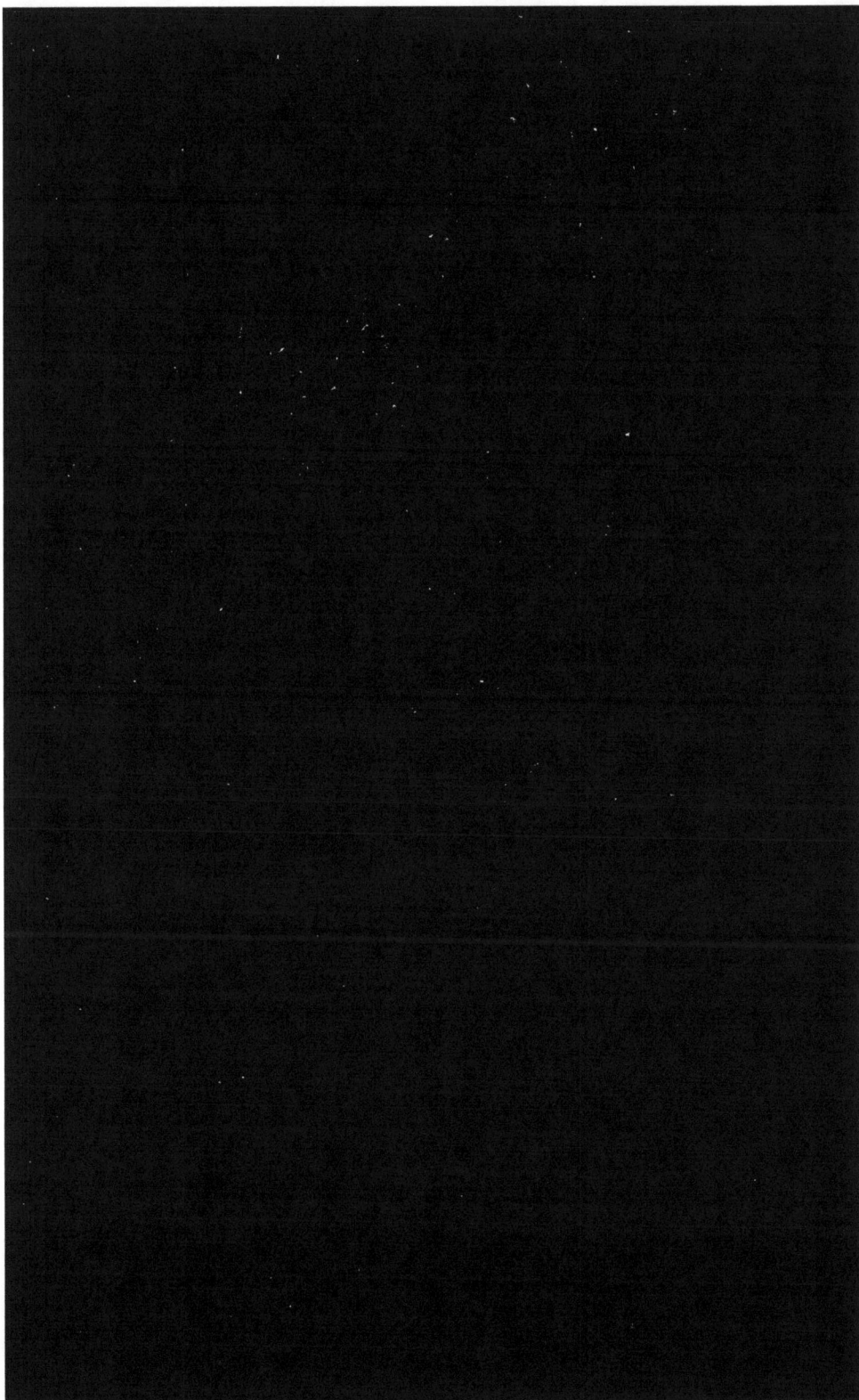

ÉLOGE DE PASCAL

DISCOURS

Prononcé à la distribution des Prix

DU

LYCÉE BLAISE PASCAL

PAR

M. Albert BAZAILLAS

Ancien élève de l'École normale supérieure
Professeur de Philosophie.

CLERMONT-FERRAND

IMPRIMERIE TYPOGRAPHIQUE ET LITHOGRAPHIQUE G. MONT-LOUIS

1894

ÉLOGE DE PASCAL

~~~~~~~

MESDAMES, MESSIEURS, CHERS ELÈVES,

« Tout est dit, et l'on vient trop tard depuis plus de sept mille ans qu'il y a des hommes et qui pensent. On ne fait que glaner après les anciens et les habiles d'entre les modernes. » L'usage des discours de distribution de prix ne remonte pas encore à sept mille ans, et pourtant on peut bien avouer, avec La Bruyère, que tout est dit. En ce qui concerne de tels sujets le plus beau et le meilleur est enlevé. Songez, je vous prie, aux dix, aux douze discours que vous avez entendus; vous verrez qu'ils épuisent le nombre des sujets possibles et qu'on ne pourrait sans témérité en ajouter de nouveaux. Vous comprenez donc, chers élèves, que si tout est dit, il y a intérêt à ce que tout le soit. Il est des genres qui vivent d'inédit. Celui-ci comporte la redite. C'est qu'il connaît le prix d'un système d'idées arrêtées une fois pour toutes. Je me garderai donc de changer quoi que ce soit à vos habitudes; je m'en voudrais, vraiment, de rompre l'harmonie de votre vision ordinaire et d'en troubler la sécurité.

Je pourrai maintenant vous dire, le sujet de ce discours : je veux vous parler de Pascal. Je désirerais même qu'un tel éloge fût ici de régle : vous y verriez une tradition toute semblable à celle des discours académiques qui ont longtemps commencé par l'éloge du chancelier Séguier et du grand Cardinal. Vous seriez même admirablement préparés à le comprendre. Ne vivez-vous pas en une respectueuse familiarité avec celui qui en serait l'objet ? Le noble profil de Pascal est toujours présent à vos yeux : il sourit dans vos exemptions, il rayonne sur vos livres de prix. Une coutume vénérable en multiplie l'image : son buste décore vos bibliothèques, vos musées, vos facultés ; on ne compte plus les examens qu'il a présidés, ni les candidats qu'il a encouragés du regard, ni ceux dont il a été le consolateur muet. Enfin sa statue orne votre plus belle place, et vous ne sauriez croire ce qu'elle ajoute d'honneur à votre ville. Après de tels hommages, vous seriez impardonnables si vous n'aviez vous aussi le souci de sa gloire.

Cette pensée m'a délivré, je l'avoue, d'un doute que je n'ai pu d'abord m'empêcher d'éprouver : et si je pouvais craindre encore qu'un tel sujet manquât, comme on dit, d'*actualité*, je n'aurais qu'à regarder autour de moi pour comprendre que l'amour du passé peut s'allier à la curiosité du présent. Même il me paraîtrait difficile d'offrir à votre attention un sujet plus *actuel*, puisque, si les qualités de Pascal sont celles de notre nation, elles sont plus particulièrement celles de votre province, et qu'elles vous présentent, en un sens éminent, le type ou le modèle que vous tendez naturellement à réaliser.

Je n'en veux d'abord pour preuve que le récit d'une chose extraordinaire qui arriva à Pascal lorsqu'il n'avait qu'un an. Vous me permettrez seulement de l'interpréter. D'ailleurs, n'est-il pas piquant de voir commencer à la manière d'un conte la vie d'un si grand penseur ? Clermont était donc alors une ville bien sombre et bien triste, où l'on aimait beaucoup les procès, et où les sorciers étaient en honneur. Mais quand les sorciers devenaient plaideurs leur méchanceté n'avait plus de bornes, et quand c'était une sorcière... Voyez plutôt ce qui arriva. Une sorcière voulant se venger du père de Pascal, parce qu'il s'était refusé à plaider pour elle, avait jeté un sort sur l'enfant qui dépérissait depuis avec des circonstances tout à fait étranges. Pressée de questions, menacée de la potence, la vieille avoue son crime, et ajoute qu'elle en est bien fâchée, mais que le sort était à la mort. Je cède ici la parole à la nièce de Pascal, qui nous a conservé ce récit, car j'aurais l'air d'inventer le reste. « Mon grand'père affligé lui dit : Quoi ! il faut donc que mon enfant meure. Elle lui dit qu'il y avait du remède, mais qu'il fallait que quelqu'un mourût pour lui, et transporter le sort... Mon grand-père lui offrit un cheval : elle lui dit que sans faire de si grands frais un chat lui suffirait ; il lui en fit donner un : elle l'emporta, puis le jeta par une fenêtre d'où il tomba mort. » Du coup, l'enfant alla mieux. « Au bout de trois semaines de temps, conclut l'étrange récit, il fut entièrement guéri et remis dans son embonpoint. » Voilà comment on guérissait les maladies de langueur, à Clermont, en 1624. —Ne souriez pas, Messieurs : il y a peut-être là quelque vérité. Ou plutôt je rectifie, j'interprète la légende. N'y a-t-il pas eu des fées au berceau de tous les grands hommes, des fées capricieuses, pour eux seuls aimables, qui leur apportaient des dons ? Cette sorcière peu charitable devient, avec de l'imagination, une fée légère comme une vapeur et couronnée de fleurs des bois. Comme elle est fée d'Auvergne, elle est timide et fière ; mais elle apporte à l'enfant des qualités fort belles, quoique un peu austères : un esprit hautain, une imagination ardente, une passion concentrée, qualités dont elle a la garde, parce que l'on sait que les fées sont la fidèle image des peuples qui les créèrent. Et voilà pourquoi peut-être Pascal est vôtre.

De toute façon, il vous appartient. Cette ville un peu rude apparaît à l'imagination comme la recéleuse chez qui s'est formé l'un de nos plus beaux génies. Il est né là, au cœur de la cité, au pied de votre antique cathédrale. C'est là qu'il a passé les premières années où l'esprit se forme au contact des choses ; c'est ici encore qu'il aimait à goûter le repos dans ce château de Bien-Assis dont il a été, à plusieurs reprises, l'hôte charmé. Sans doute la ville n'avait pas le même aspect : « Les rues y sont si étroites, nous dit un contemporain, que la plus grande y est la juste mesure d'un carrosse ; aussi deux carrosses y font un embarras à faire damner les cochers qui jurent bien mieux ici qu'ailleurs. » Mais alors comme aujourd'hui ces rues étroites, enchevêtrées, aboutissaient à des jours ménagés aux plus beaux points et d'où le regard, passant par dessus les murailles qui comprimaient la ville, pouvait librement se répandre sur un horizon illustre. Cet horizon, Pascal en a joui, il l'a aimé comme nous. Plus tard, quand il tracera en traits inoubliables le tableau des grandeurs de la nature pour les opposer à la petitesse de l'homme, je me demande s'il ne songera pas à la majesté de ce spectacle, et si l'on ne sent pas frémir encore le souvenir d'une grande vision dans la phrase célèbre : « Le silence éternel de ces espaces infinis m'effraie ».

Je ne sais s'il y avait en Pascal, comme en Victor Hugo, « un sang lorrain et breton à la fois ». Vous en jugerez. Son père était d'Ambert et sa mère de Gerzat. Telle qu'elle était, cette famille appartenait à une aristocratie, non sans doute à cette aristocratie turbulente et un peu grossière que les Grands-Jours de 1665 devaient mettre à la raison, mais à une élite que le maniement des affaires publiques joint au goût naturel des choses de l'esprit avait de bonne heure affinée, et qui s'était donné comme point d'honneur de mettre au-dessus de tout l'amour de l'œuvre bien faite. A n'en point douter, c'est là que Pascal apprit qu'il fallait exceller en toute chose. Volontiers donc, avant de le considérer lui-même, je regarderai encore autour de lui. Pour retrouver le tour de son esprit et surtout pour saisir son air, n'est-ce pas la voie la plus sûre ?

Son père joignait à une intelligence peu commune une exquise droiture de jugement, et son père fut son maître. Il avait pour maxime qu'il fallait toujours tenir cet enfant au-dessus de son ouvrage : aussi lui débrouillait-il l'intelligence au lieu de la surcharger de détails inutiles, excitant sa curiosité naturelle et tenant que si les connaissances sont excellentes, plus excellent est l'esprit. Dans ce dessein, l'étude des langues anciennes fut ajournée, et remplacée par une culture très nouvelle pour le temps, puisqu'elle était scientifique et rationnelle. Pascal fut donc, si l'on veut, le premier élève de l'enseignement moderne, et l'on peut voir que, dans ce cas particulier, l'essai n'a pas trop mal réussi.

Autour de lui d'ailleurs rien ne troublait, rien n'offusquait la paisible harmonie de son développement moral. Ses sœurs étaient dignes de lui, et par une rencontre qui peut sembler extraordinaire, mais qui nous révèle la physionomie de cette admirable famille, chacune d'elle reproduit à sa façon les vicissitudes, les brusques retours qui se marquent dans la vie de Pascal. Comme lui, elles eurent leur jour de crise. L'une, qui sera Mme Périer, est de vos connaissances. Vous verrez son portrait dans la salle des Actes de l'Hôpital-Général ; et à son regard méditatif, à la noblesse du port, à la grâce un peu fière et même soucieuse du visage, vous devinerez, réunis en elle, les dons qui se retrouvent en Pascal lui-même : la franchise, la fermeté ou le calme d'une pensée qui se possède, la politesse digne et enjouée. Pourtant, nous dit sa fille, « elle quitta le monde et tous les agréments qu'elle pouvait y avoir, et a toujours vécu dans cette séparation jusqu'à sa mort. » C'est même à cet ensemble très rare de vertus qu'un écrivain singulièrement avisé, très fin, très pénétrant, et qui se connaissait en belles manières, s'est plu à rendre hommage. Dans une page charmante écrite ici-même, je crois, et qui porte la marque d'une conversation récente, Fléchier nous parle d'elle. « La personne qui nous parut surtout raisonnable fut Mme Périer : les louanges que Mme la marquise de Sablé lui donne, la réputation que M. Pascal, son frère, s'était acquise, et sa propre vertu, la rendent très considérable dans la ville, et quelque gloire qu'elle tire de l'estime où elle est, et de la parenté qu'elle a eue, elle serait illustre quand il n'y aurait point de marquise de Sablé et quand il n'y aurait jamais eu de M. Pascal [1]. » — L'autre [2], touchée du souffle poétique, capable d'exceller dans la conversation et d'y apporter la grâce exquise d'une intelligence variée, souple, bel esprit et grand esprit, plus grande âme, renonce de bonne heure à tous ces succès, car elle ne pouvait, à l'égal de son frère, demeurer dans ces bornes. Après avoir séduit le monde par sa grâce, elle l'étonne par sa piété ; et elle meurt, à vingt-six ans, d'une blessure faite à sa foi, comme si son corps, nous disent les contemporains, ne pouvait plus supporter l'accablement de son esprit.

Je ne m'excuserai pas, Messieurs, d'une apparente digression. Replacer Pascal dans son milieu, n'est-ce pas déjà le louer, ou, ce qui lui déplairait moins, n'est-ce pas s'apprêter à le connaître ? Saisir dans sa famille la

(1) *Grands-Jours d'Auvergne,* 39-40.
(2) Jacqueline.

ressemblance et la continuité d'un même esprit n'est-ce pas se disposer à comprendre ce qu'il y eut en lui de plus personnel? Volontiers donc j'ajouterai : On ne peut séparer Pascal des siens. En lui se retrouvent la passion et l'obstination qui distinguent toute la famille; il semble que son esprit se soit comme exalté, en se réflétant dans ces âmes délicates et vives. Le génie est une plante mystérieuse qui peut attendre longtemps avant de trouver le terrain favorable à sa croissance : il ne peut pousser, il ne peut porter tous ses fruits qu'en un ciel propice. Volontiers encore j'admirerai ici cette préparation du génie qui, déposé un jour, par un miracle de la nature, dans quelque canton retiré d'Ambert ou de Gerzat, s'agite lentement, paisiblement, devient forte vertu, piété robuste, conviction ardente. Le génie de Pascal est une combinaison précieuse de vigueur et d'austérité, de solidité et d'éclat, de prudence et d'enthousiasme : il est bien le succès d'une race obstinée et forte. Il a exprimé toute cette passion ardente et concentrée qu'elle souffrait de ne pouvoir traduire; il n'a fait que donner de la noblesse à son rêve intérieur. De ce génie, enfin, on pourrait dire qu'il fut une longue patience parce qu'il fut préparé par une longue passion.

Et voilà pourquoi de tous nos écrivains c'est le plus original : c'est qu'il est le moins écrivain. En lui on chercherait vainement l'auteur : il n'y a que l'homme, et l'homme chez Pascal est particulièrement attachant. Il faut croire qu'en ajournant pour un temps assez long cette éducation des humanités, qui est au fond de l'esprit classique, son père avait tenu à le préserver des formes convenues de langage où la personnalité se cache et même, parfois, se perd : à son insu il avait réservé cette originalité puissante. Ce qui revient à dire encore que son âme, qui n'avait pas été modifiée par la culture commune, n'était ni grecque, ni latine, mais qu'elle conservait les manières de sentir ou de penser propres à sa race et à sa province.

S'il en est ainsi, vous ne sauriez trop considérer ces portraits dont quelques-uns sont exacts : ils vous serviront à pénétrer jusqu'à l'âme. Vous ne sauriez croire combien on est près de connaître un auteur quand on l'a bien regardé : c'est une espèce de familiarité qui nous laisse deviner son tour d'esprit; avec lui, on n'en est plus aux cérémonies ; c'est alors une conversation libre, de vraie amitié. Voilà d'abord Pascal, tel que vous le connaissez, tel que l'a reproduit pour vous un ingénieux artiste [1] : le voilà dans son attitude pensive, avec son grand air sévère, tout absorbé dans quelque sublime contemplation. C'est bien lui. Son regard qu'il n'incline pas vers la terre est droit et fixe : il semble obstinément occupé à suivre le travail silencieux de la pensée ; et même rien n'est reposant, rien n'est réconfortant, après un exercice où vous auriez fait le pénible essai de vos forces, comme d'assister au spectacle si bien rendu de cette méditation heureuse, à la scène si attachante de cette vivante pensée. Bientôt, autour de l'image présente, j'évoque d'autres traits, d'autres souvenirs : je ne rectifie pas, je complète. Je songe, par exemple, à ce portrait à la plume esquissé sur la première page d'un livre de droit par l'ami et l'émule de Pascal, — une de vos gloires encore, Messieurs, — par Domat. C'est un Pascal adolescent. A coup sûr vous seriez surpris du charme et de la finesse des traits, de la pénétration du regard qui révèle déjà une force singulière de pensée, et surtout de la vie qui l'anime : malgré moi, dans le paisible éclat de ce visage, je crois surprendre l'écho secret et la révélation involontaire de ce que Pascal appellera lui-même « sa franchise et sa naïveté ordinaires ». Enfin, je précise ou j'achève, en méditant sur le beau portrait d'Edelinck [2]. On peut y voir cette impérieuse figure aux lignes fines et énergiques, long ovale que couronne un admirable front de penseur, et puis ces yeux pleins de feu avec un rayonnement étrange, cette bouche dédaigneuse. A cet air, à cette physionomie mobile et parlante, je devine toute la décision de la pensée, et je me dis qu'en Pascal cette décision souveraine recouvre la clarté de l'esprit, la ténacité des sentiments, la fougue des convictions. Le voilà donc maintenant, l'obstiné méditatif, le voilà tout entier en quelque sorte, avec les ressources de son esprit, les généreux emportements de son âme. Car vous n'en doutez pas, Messieurs : insensiblement, nous sommes arrivés jusqu'à l'âme. Et vous le devinez après ces rapprochements : « C'est une de ces âmes de feu à qui il faut du remuement et de l'action, » et qui même dans

---

(1) M. Guillaume.
(2) Portrait de Pascal par Edelinck. Tome I des *Hommes célèbres*.

la pensée « n'aiment que la vie de tempéte [1]. » C'est
cette âme toujours en mouvement qui donne à sa
parole tant d'éloquence, ou qui, transformant les idées
du dehors, leur communique cette beauté ardente et triste.
Vous devinez aussi ce qui fait l'unité supérieure de son
œuvre et de sa vie. « Ceux qui sont nés médiocres, nous
dit-il, sont machines partout [2]. » Lui ne fut machine
nulle part ; il mit partout de l'âme.

Si l'on veut s'en convaincre, on n'a qu'à songer aux
œuvres, ou, pour parler avec lui, « aux inventions »
par lesquelles il a éclaté aux esprits. Je crois bien qu'on
réussirait à esquisser sa physionomie en disant que nul
esprit ne fut inventif et conquérant au même degré.
Comprenez bien le sens des mots. Un de ses contemporains les plus illustres, Descartes, compare quelque part
ceux qui découvrent la vérité dans les sciences aux chefs
d'armée « dont les forces ont coutume de croître à proportion de leur victoire ». Que cette formule convient à
Pascal ! Depuis le jour où rêvant à l'art de faire des figures infailliblement justes il trouvait, en ses heures de
récréation, les premiers principes de la géométrie : invention précoce qui arrachait à son père des larmes de joie ;
depuis ce Traité des Sections coniques qui excitait un
peu plus tard l'émulation de Descartes, on peut assurer
qu'il n'a pas connu d'échec : autant de dates, autant de
victoires. Ce sont d'abord les principes d'une science
nouvelle [3] hardiment découverts, exposés avec autorité ; c'est ensuite cette admirable campagne conduite
avec tant de précision et d'entrain, marquée par la défaite de l'horreur du vide ; enfin ce sont ces expériences
sur la pesanteur de l'air, qui eurent un tel prestige
qu'elles purent rendre le Puy de Dôme lui-même plus
auguste. — Dans un autre ordre, personne n'ignore
l'éclat de sa polémique, la vigueur de l'attaque, la
promptitude de la riposte dans les *Provinciales*, et cette
fougue, et cette flamme de conviction qui soulevant,
élargissant la noble mais étroite doctrine de Port-Royal,
a paru lui donner, en un jour de bonheur rare, je ne
sais quel air triomphant de vérité et de jeunesse. Dans
les *Pensées*, vous reconnaîtrez la même manière : c'est
encore un combat, combat silencieux, pressant, où la

(1) Pascal. Discours sur les Passions de l'Amour.
(2) Discours sur les Passions de l'Amour.
(3) L'Hydrostatique.

raison froissée par ses propres armes demande grâce,
capitule, sorte de corps à corps passionné qui se termine,
après un instant de dramatique résistance, par la défaite
de l'homme et par la victoire du Dieu présent à son
esprit et à son cœur. Si c'est véritablement donner des
batailles « que de tâcher à vaincre toutes les difficultés
et les erreurs qui nous empêchent de parvenir à la con-
naissance de la vérité », on peut dire que Pascal en a
livré de décisives, et il faut ajouter qu'il a toujours eu
le bonheur de son côté. Le besoin de la lutte, voilà l'essence même de son génie. C'est là ce qui fait de sa raison une raison vivante, toujours prête à créer et à se
communiquer ; c'est là encore ce qui explique le charme
si particulier de ses écrits : il n'en est pas un qui n'ex-
prime un trait d'admirable décision, ou qui ne reçoive
de l'intrépidité de l'assaut et de la vigueur de l'attaque
une grâce toute martiale. C'est donc à bon droit qu'un
ingénieux orateur [1] signalait ici même une ressemblance entre Pascal et Condé. L'énergie des lignes atteste
chez l'un et chez l'autre même ténacité et même audace ;
ce sont les mêmes vertus françaises et guerrières. Pascal
c'est bien Condé à Rocroy, animé par la mêlée et par
l'espoir de vaincre. Comme lui, au même titre, c'est un
héros.

Vous parlerai-je maintenant de son style, ce parler si
fin et si grand, avec des tours si personnels qu'on peut
bien dire qu'il est une chose unique ? Oui, Messieurs, puisque ce sera l'occasion de montrer une nouvelle rencontre
entre l'esprit de Pascal et le génie de votre race. Sur ce
point on a tout dit quand on a remarqué que la vie de
la pensée animant le style lui-même lui communique le
mouvement, l'ironie, l'accent, le charme, ce charme
fait de confiance et d'abandon qui vient de la personne.
Pourtant on n'a pas dit l'essentiel puisqu'on n'a pas
nommé la qualité maîtresse de ce style qui est aussi
la qualité maîtresse de ce pays, la sincérité. La sincérité est une de vos vertus, au point qu'on pourrait
dire sincérité d'Auvergne, comme on dit gaieté de
Provence, finesse de Gascogne, fidélité de Bretagne. Fléchier, qui n'est pas toujours tendre pour Clermont, lui
reconnaît ce mérite ; et Domat, en un placet mémorable

[1] M. Mézières, de l'Académie Française.

présenté à Louis XIV, rappelle fièrement que cette vertu
dont la province a donné tant de gages lui mérite une
indépendance digne de sa loyauté et de sa franchise.
Mais ce qui témoigne mieux encore en faveur de cette
qualité foncière, c'est le style si original de vos églises.
Vos ancêtres n'ont pas beaucoup écrit ni beaucoup
parlé, ce qui est déjà un signe de race, mais ils ont
beaucoup construit, ce qui en est un autre, et ils ont
construit solidement. Ces fortes églises [1] bâties en lave
ne ressemblent en rien aux délicates églises du Poitou si
finement ouvragées, ni à celles du midi où vous trouveriez l'empreinte si visible du génie latin. Elles sont
plutôt des chefs-d'œuvre d'une ordonnance puissante et
simple : l'ornementation est nulle; nulle aussi la recher-
che de l'agrément. Il n'y a pas de fausses fenêtres pour
la symétrie. De même vous n'y verrez rien de conven-
tionnel ni qui rappelle la beauté antique : la beauté
leur vient uniquement des nervures puissantes qui vont se
ramifier aux voûtes et de la courbure flexible des arceaux.
Il n'y a là aucune grâce affectée, aucun désir de paraître.
Ces antiques sculpteurs avaient déjà compris que la
simplicité est éloquente. C'est pour cela qu'ils n'ont pas
voulu glorifier dans leurs églises la flore d'Auvergne. Ce
raffinement leur eût paru une faiblesse. Et comme s'ils
détournaient le regard de ce qui est riant ou gracieux
pour le fixer sur le spectacle plus austère de l'entrecroise-
ment des lignes et des combinaisons de formes, ils ont
élevé des monuments où rien n'est concerté, mais où
éclatent seulement la sincérité et la force. — Telles
que vous les connaissez, ces églises hautaines font
penser déjà à la langue de Pascal. Elles vous rappel-
leront par leur attitude imposante et par la sobriété de
leur ornementation les fortes constructions des *Provinciales*, la beauté sévère des *Pensées*. Dans cette langue
éminemment virile, vous trouveriez peu de nuances :
des couleurs fortes et des aspects tranchés qui s'affirment
avec intensité, et par là se détachent plus nettement. Ici
et là, c'est la même vigueur sans apprêts, peu soucieuse
de plaire; c'est le même contraste entre l'énergie sévère
et la force passionnée. Il y a dans Pascal quelque chose
de ces vieux architectes qui furent en leur temps les

---

[1] Celles de Roman auvergnat : Le Port, St-Nectaire, Issoire, Orcival, Le
Puy.

dépositaires du génie de la race, et qui, pour en témoigner, élevèrent ces monuments sévères et nus.

Pourtant n'allez pas croire, Messieurs, qu'en louant ce qu'il y eut en Pascal de plus personnel, j'oublie les qualités qui en font un de nos auteurs les plus français et les plus humains. Chez lui, d'abord, notre sens de l'universel se trouve partout à l'aise. C'est un des traits essentiels de notre caractère que le besoin d'accorder dans notre pensée le bonheur des autres hommes et le souci de notre bonheur propre. Nous pouvons le dire sans orgueil : même aux époques les plus troublées de notre histoire, nous avons su regarder au delà des frontières de notre pays et rêver d'un état qui, en accord avec la justice et la raison, pût convenir non-seulement à notre nation, mais à l'humanité tout entière : nous aimons, comme nous pensons, sous forme d'éternité. Or Pascal nous présente cette qualité toute française : capable d'associer le sens de la règle et le goût de l'inspiration personnelle, épris d'indépendance et serviteur de la raison, intimement attaché à sa foi et soucieux de la communiquer à tous les esprits, il est à l'origine de notre tradition nationale qui revit éminemment dans son exemple, et qui pourrait prendre pour devise une de ses plus belles pensées : « Le cœur aime l'être universel naturellement. »

C'est donc le méconnaître que de le confiner dans un temps ou dans un système ; on risque d'en tracer alors un portrait de fantaisie qui le réduit et le défigure. Ainsi, quoi qu'en ait pensé Cousin, il ne fut ni sceptique, ni amoureux ; et il n'a été ni aussi troublé, ni aussi inquiet que le voudrait Sainte-Beuve. Le vrai Pascal n'est pas ce mélange étonnant de justesse et de chimères, de pénétration et de rêveries ; il est aussi passionné mais plus raisonnable, aussi éloquent mais moins déchiré : il n'a pas lu Musset, il n'est pas lyrique à notre façon, il gémit rarement, il ignore nos désespoirs littéraires. Surtout gardez-vous bien de croire que la maladie soit l'essence de son génie ; et, quoiqu'on vous y invite, n'allez pas regarder curieusement la flamme qui le consume, « comme les Romains admiraient les nuances changeantes qu'une mort lente faisait passer sur la murène, ou comme nous admirons nous-mêmes les couleurs étranges et brillantes que nous donnons à certaines fleurs en les abreuvant de poison ⁽¹⁾. » Non : ce qui nous intéresse dans cette vie active et généreuse ce n'est pas à coup sûr la lente agonie. Nous ne sommes plus aux temps où les jeunes poitrinaires faisaient fureur, où il fallait mourir pour intéresser : Pascal nous plairait, même bien portant. — Chose curieuse ! cet homme dont on a fait de nos jours un poète, un auteur, un philosophe, et même un romantique, ne fut rien de tout cela : il fut seulement un homme, et c'est sa grandeur. Mais il le fut au sens éminent du mot. Surtout il n'a aucune pose, il ne se compose pas de visage. Il dit toujours ce qu'il sent : en lui, c'est l'homme qui suscite l'écrivain. Seulement il sent bien des choses, parce que, d'une singulière clairvoyance et d'une égale bonne foi, rien ne lui échappe de ce qui s'agite dans notre pensée, de ce qui tressaille, espère, vibre douloureusement en nous. Aussi exprime-t-il tout ensemble les pures jouissances de l'esprit et les angoisses du cœur, et il demeurera toujours comme l'écho lointain de l'âme souffrante, la voix souveraine capable de moduler tous les accents de la plainte humaine.

C'est là ce que vous vous direz quand vous visiterez, au musée de Riom, cette salle que je puis bien appeler la galerie de vos gloires. Ici encore vous trouverez Pascal, mais vous le trouverez en bien noble compagnie : toute la famille des Arnaud est là, l'entourant en quelque sorte, lui faisant fête. Mais ce qui vous plaira plus encore que ce spectacle, c'est un air de parenté que vous pourrez démêler en tous ces morts illustres, et qui vous permettra d'y saisir la présence d'une même inspiration. Sans doute ils sont tous de même race : le type qui revit fidèlement en eux est bien le type le plus fin et le plus noble de l'Auvergne ou de la Limagne. Mais cette ressemblance s'achève par un trait moral : c'est la même attitude simple, franche, résolue; c'est le même reflet de candeur et de sincérité. Il y a là évidemment parenté d'âme. En replaçant ainsi Pascal dans son milieu et, pour ainsi dire, dans son air natal vous le comprendrez, puisque vous comprendrez ce qu'il y eut en lui de simplicité et de vigueur, de jeunesse et de force. En le contemplant au milieu de ces lutteurs auxquels il ressemble par tant de traits de sa physionomie morale, vous le verrez

(1) Prévost-Paradol : *les Moralistes*

enfin sous son vrai jour : l'idée ne vous viendra pas qu'il ait été un malade, un désespéré ou un inquiet. Au contraire, ce fut un homme de combat et de pensée, un homme de génie et de cœur, un esprit lucide servi par une imagination ardente, une vigoureuse intelligence, qui sut créer, et qui sut communiquer son activité créatrice, surtout une des plus grandes âmes, une des plus hautes consciences qui aient été. Et voilà pourquoi il est très grand parmi les hommes.

C'est pour cela que je n'ai pas hésité à vous l'offrir en exemple. S'il revenait à la vie il serait peut-être, de tous les auteurs de son siècle, le moins surpris. En tout cas, ses préoccupations sont devenues les nôtres; entre lui et nous, si l'on peut dire, nous distinguons si peu que nous lui prêtons parfois nos anxiétés. Au reste, je ne connais rien de plus fécond que le commerce avec ce qui fut en notre passé véritablement glorieux. Nos morts sont ainsi de notre famille : c'est d'eux que nous datons véritablement. Mais si le désir inquiet du mieux est la marque de notre génie national, où la trouver à un plus haut degré que dans cette pensée ardente, sincère, toujours à l'étroit dans ses bornes? — Enfin, ce qui a achevé de m'encourager, c'est l'assurance, Monsieur le Maire [1], que vous vouliez bien accepter de venir présider cette fête. Comment rendre un hommage plus mérité à la ville que vous représentez aujourd'hui parmi nous avec toute l'autorité de votre valeur personnelle? Elle a tenu à montrer à plusieurs reprises combien elle était fière de son Pascal. Tout récemment, après deux siècles d'absence, ne l'a-t-elle pas rappelé près d'elle? N'en a-t-elle pas fêté le retour avec un éclat dont le souvenir survit encore, et qui fut, je le sais, digne de lui et digne d'elle? Je n'ai donc fait que m'associer à une tradition déjà fort ancienne en vous rappelant, chers élèves, que l'amour d'une des plus grandes pensées qui fut jamais convient excellemment, plus encore qu'une figure de marbre, à celui qui a fait résider l'essence de l'homme dans le cœur, non dans l'étendue.

[1] M. Lécuellé, maire de Clermont.

Clermont-Ferrand, typographie et lithographie G. Mont-Louis.

Original en couleur

NF Z 43-120-8

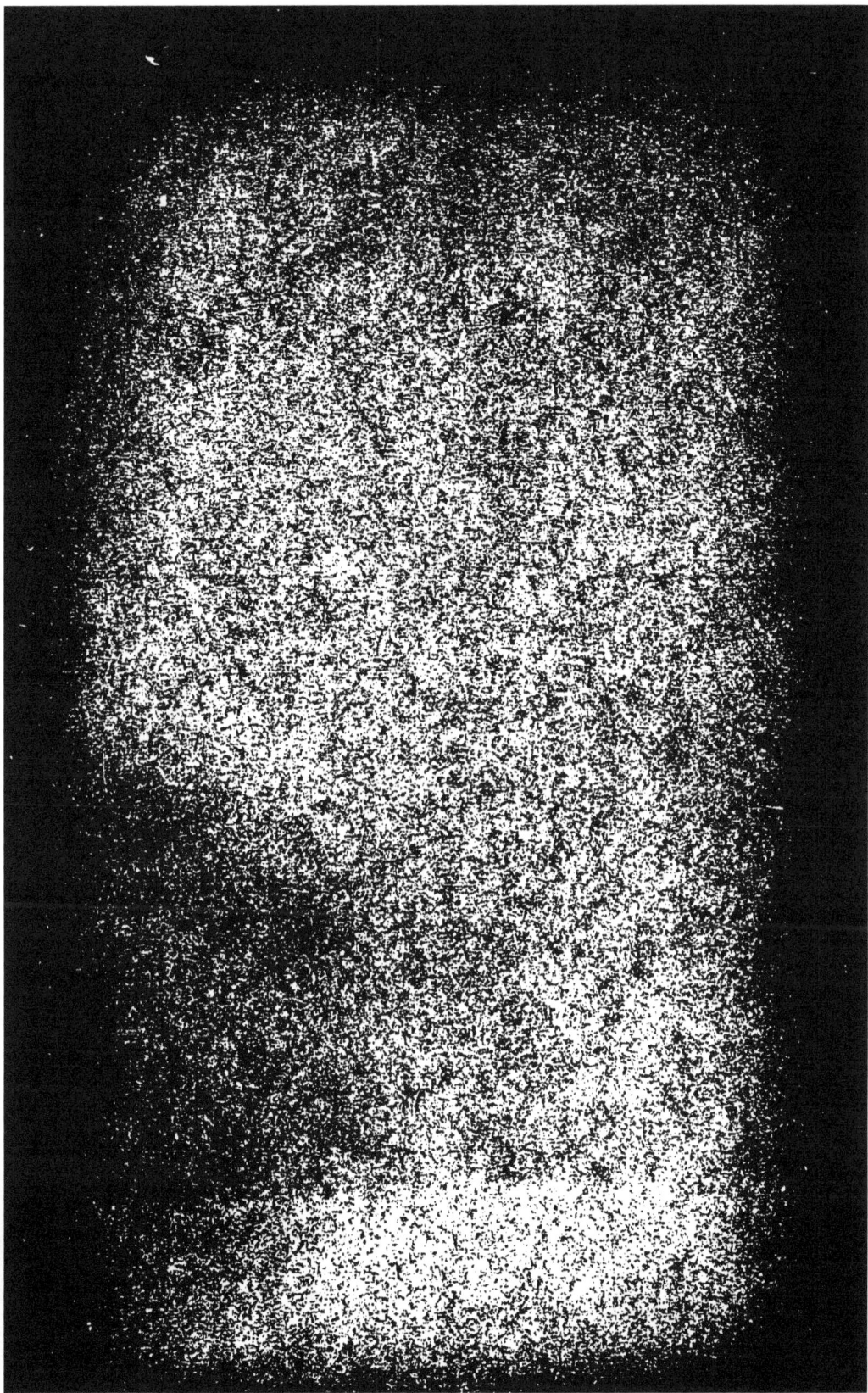

BIBLIOTHÈQUE
NATIONALE

CHÂTEAU
de
SABLÉ

1991